【电子科技大学国家级实验教学示范中心系列教材】
电子技术应用实验教程配套教材（二）



# 电子技术应用实验教程实验报告 综合篇

Dianzi Jishu Yingyong Shiyan Jiaocheng Shiyan Baogao Zonghepian

主 编 曾 洁 李庆嵘

数字系统实验Ⅱ实验报告

电子科技大学出版社
University of Electronic Science and Technology of China Press
·成都·

**图书在版编目（CIP）数据**

电子技术应用实验教程实验报告. 综合篇 / 曾洁，李庆嵘主编. —成都：电子科技大学出版社，2013.8（2024.8 重印）

ISBN 978-7-5647-1681-3

Ⅰ. ①电… Ⅱ. ①曾… ②李… Ⅲ. ①电子技术－实验－高等学校－教材 Ⅳ. ①TN-33

中国版本图书馆 CIP 数据核字（2013）第 130636 号

**电子技术应用实验教程实验报告　综合篇**

**曾　洁　李庆嵘　主编**

策划编辑　罗　雅
责任编辑　罗　雅
责任印制　段晓静

出版发行　电子科技大学出版社
　　　　　成都市一环路东一段 159 号电子信息产业大厦九楼　邮编 610051
主　　页　www.uestcp.com.cn
服务电话　028-83203399
邮购电话　028-83201495

印　　刷　成都市火炬印务有限公司
成品尺寸　185mm×260mm
印　　张　5.25
字　　数　140 千字
版　　次　2013 年 8 月第 1 版
印　　次　2024 年 8 月第 14 次印刷
书　　号　ISBN 978-7-5647-1681-3
定　　价　25.00 元

# 前　言

撰写实验报告是实验教学中必不可少的一个重要环节，也是一项重要的基本技能训练。实验报告不仅是对每次实验的总结，更重要的是，它有助于培养和训练学生的逻辑归纳能力、综合分析能力和文字表达能力，是写作科学论文的基础。因此，要求参加实验的每位学生，均应及时、认真地书写实验报告。对实验报告的要求是：内容实事求是，分析论证得当，文字简练通顺，书写清楚整洁。

本书是配合数字系统实验Ⅱ课程编写的实验报告册。

本书分为两个部分：第一部分有数字系统实验Ⅱ课程中数字电路综合实验的 9 个实验内容，按 2 学时分成了 9 个实验报告，包括两个利用 Multisim 工具完成的仿真实验，给出了任务要求和对实验报告的要求；第二部分是数字系统实验Ⅱ课程中 FPGA 设计的实验内容，给出了每次实验的验收要求。

本书实用性强，采用报告册的方式，学生直接在书上完成报告的书写。学生在每次实验前需先完成该实验的预习工作，在理解原理的基础上，可完成实验原理中部分问题的回答，经过实验学习后再完成全部问题；本书有专门的原始数据记录页，学生在实验室做实验时，可以将实验原始数据、实验波形等直接填写在该页上，能够节省实验时间，原始记录有相应的成绩，经过指导教师审阅后可取得相应的实验操作成绩；在实验室做完实验后，学生需按要求完成实验数据的整理和分析，回答相关的问题，最后完成完整的实验报告。

本书以培养学生动手动脑能力为目的，内容引导性强，提出的有关实验测试问题和实验原理问题有助于培养学生独立思考、独立解决问题的能力。报告册致力于引导和帮助学生完成实验中最需要思考和测试的内容，是学生学习数字系统实验Ⅱ课程的得力助手。

电子科技大学电子科学与工程学院电子实验中心的电子技术应用实验室负责数字系统实验Ⅱ课程的实验教学工作，开设电子技术应用实验等课程。教学团队通过开展经常性的教学研讨和教学观摩，交流教学经验、探讨教学中的问题和不足，共享教学资源，通过团队合作加强课程建设和实验室建设。本书是整个团队智慧的结晶，团队教师共同分工合作，陈瑜老师帮助完成了文字的编辑、整理和修改工作，在此表示感谢。

感谢关心本书出版的领导和电子科技大学出版社的大力支持。

由于编者水平有限，书中难免存在错误和不足之处，敬请读者批评指正。

# 目　　录

# 电子科技大学电子技术应用实验
# 实 验 报 告

学生姓名：______________学　　号：____________ 报告评分：

实验地点：__________实验时间：__周____第____节　指导老师：__________

一、实验项目名称：　电子秒表-电子秒表设计与测试

二、实验学时：

三、实验目的：

四、实验器材：

五、实验原理：（版面不够可另加附页）

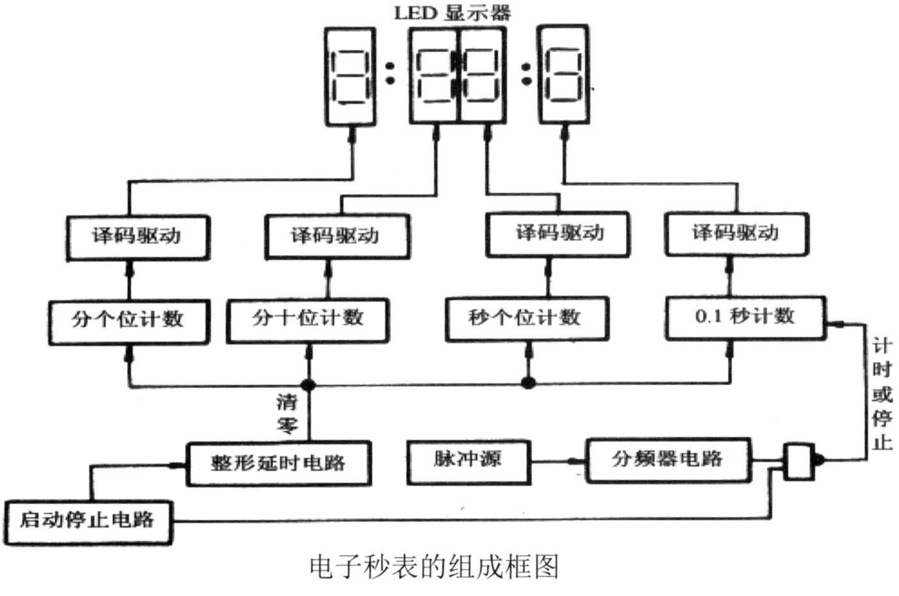


电子秒表的组成框图

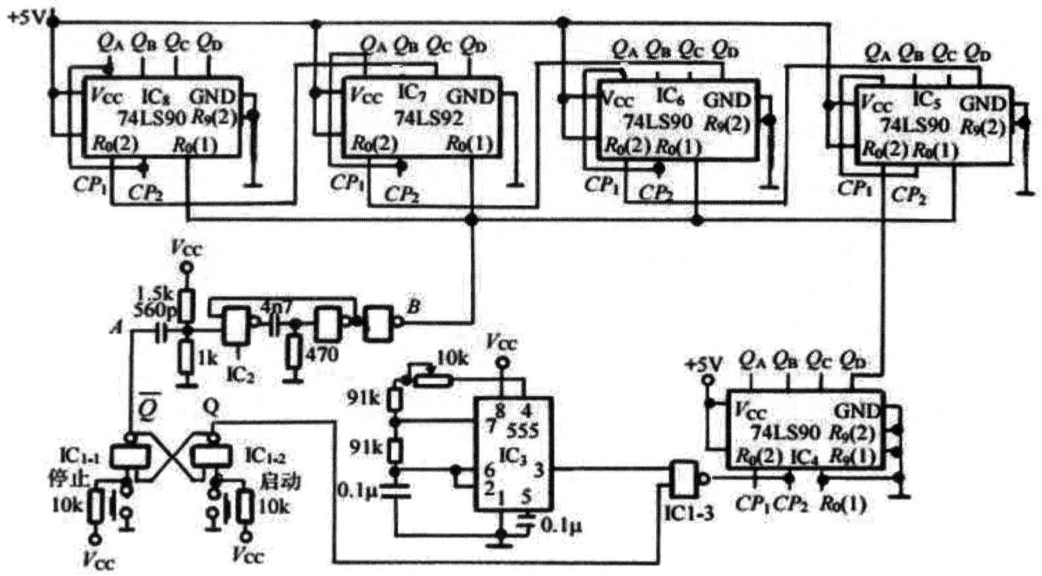


根据电子秒表总电路图分析电子秒表组成框图，简述各部分的功能。

1. 计数电路

2. 显示译码器电路

3. 清零电路

4. 停止电路

5. 脉冲产生电路

学生姓名：____ 学 号：____ 教师签字：______ 成绩：________

| 座位号： |
|---|

六、实验原始数据记录：（总分 100 分）

1. 时钟发生器的测试。（10 分）

用示波器观察脉冲源电路的输出。记录输出电压波形并测量其频率。

输出波形电压峰峰值=__________，频率=___________。

观察 $R_{W1}$ 对输出频率的影响。调节 $R_{W1}$ 使输出频率为 50 Hz。

2. 分频器电路的测试（10 分）

用示波器观察分频器电路的输出。记录输出电压波形并测量其频率。

输出波形电压峰峰值=__________，频率=___________。

此信号是对脉冲源信号的_______分频。

3. 计数器的测试（15 分）

测试由计数器 $IC_5$ 构成的计数器为_____________进制。

测试由计数器 $IC_6$、$IC_7$ 级联构成的计数器为_____________进制。

测试由计数器 $IC_8$ 构成的计数器为_____________进制。

4. 启动停止单元电路的测试。（15 分）

（1）秒表正常工作时，RS 触发器的输出 $Q$（$C$ 点）和 $\overline{Q}$（$A$ 点）的状态为：$Q$= ______ 电平，$\overline{Q}$ =______ 电平。

（2）分别按下 RS 触发器构成的启动停止控制单元的启动键和停止键，用示波器观测输出 $Q$ 和 $\overline{Q}$，将 $Q$ 和 $\overline{Q}$ 的值（0/1）填入表中。

启动停止控制单元电路功能测试表

| 输出 / 按键 | $Q$ 的值 | $\overline{Q}$ 的值 |
|---|---|---|
| 启动 | | |
| 停止 | | |

（3）分析：按下启动键前后，$\overline{Q}$（$A$ 点）的波形电平如何改变？

5. 实验问答。（10 分）
如果将停止改为暂停功能，应如何设计？

6. 整形延时电路（单稳态触发器）的测试。（15 分）

输入端 $A$ 点接 1 kHz 连续脉冲，用示波器观察并画出输入端 $A$ 点、输出端 $B$ 点的波形，记录输入、输出波形的周期和输出正脉冲宽度。

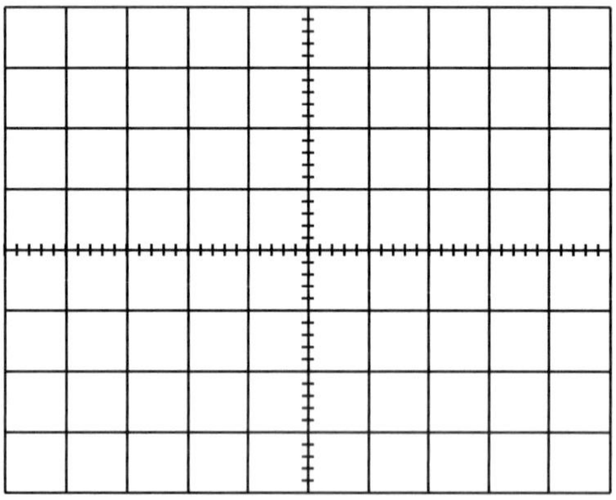

示波器的输入耦合方式：________

记录波形参数：

______________________________

______________________________

______________________________

______________________________

7. 电子秒表的整体测试。（25 分）

各单元电路测试正常后，按总图把几个单元电路连接起来，进行电子秒表的总体测试。先按一下停止按钮，此时电子秒表不工作，再按一下启动按钮，则计数器清零后便开始计时，观察数码管显示计数情况是否正常，如不需要计时或暂停计时，按一下停止按钮，计时立即停止，但数码管保留所计时之值。观察电子秒表工作是否正常。

七、实验结论：

八、思考题：

1．实验电路中 RS 触发器的输出 $Q$ 和 $\overline{Q}$ 是如何控制秒表开始计数和停止计数的？

2．秒表的精度为什么可以达到 0.1 s?

九、总结及心得体会：

# 电子科技大学电子技术应用实验

# 实 验 报 告

学生姓名：____________学　　号：___________ 报告评分：

实验地点：_________实验时间：___周____第____节　指导老师：________

一、实验项目名称：　　　电子秒表-计数器设计

二、实验学时：________________________________________________

三、实验目的:

________________________________________________

________________________________________________

四、实验器材：

________________________________________________

________________________________________________

五、实验原理：（版面不够可另加附页）

1. 异步计数器 74LS90

2. 异步计数器 74LS92

3. 异步计数器的级联方法总结

4. 通过实验原理的学习，回答下列思考题：

（1）实验中的电子秒表能实现的功能有哪些？

（2）秒表中的计数器为什么要采用 74×90 和 74×92 两种计数器芯片？

学生姓名：_____ 学 号：____教师签字：_____成绩：______

| 座位号： |
| --- |

六、实验原始数据记录：

1. 将 $IC_5$（74LS90）接成五进制计数器。$R_O(1)$（即 $B$ 点）接地，$CKB$ 接 1Hz 的 TTL 信号，输出 $Q_DQ_CQ_B$ 接实验板上显示译码器输入端 $C$、$B$、$A$，将显示译码后 LED 数码管的值记入表中。（15 分）

电路连接图：

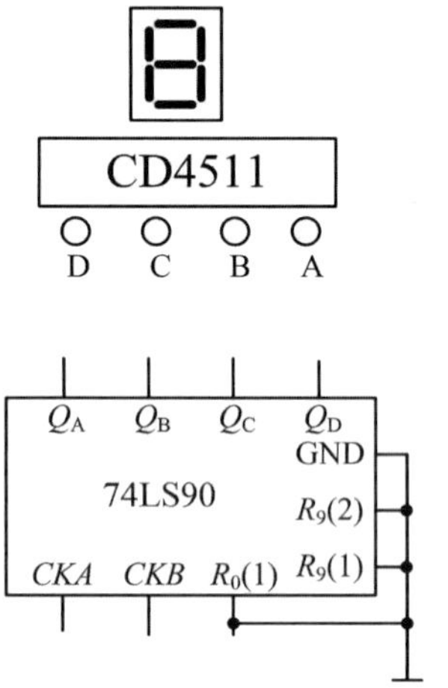


五进制计数器实验电路测试表

| 时钟 $CP$ | 1 | 2 | 3 | 4 | 5 | 6 |
| --- | --- | --- | --- | --- | --- | --- |
| 1 位 LED 显示值 | | | | | | |

2. 将 $IC_5$（74LS90）接成 8421BCD 码十进制计数器，完成下图。$CKA$ 接 1Hz 的 TTL 信号，将显示译码后 LED 数码管的值记入表中。（15 分）

十进制计数器实验电路测试表

| 时钟 $CP$ | 1 | 2 | 3 | 4 | 5 | 6 | 7 | 8 | 9 | 10 | 11 |
| --- | --- | --- | --- | --- | --- | --- | --- | --- | --- | --- | --- |
| 1 位 LED 显示值 | | | | | | | | | | | |

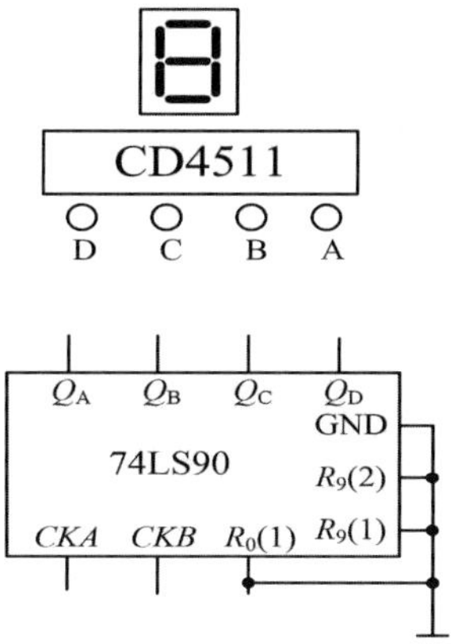


3. 设计实验电路将 $IC_5$（74LS90）、$IC_6$（74LS90）接成二十进制计数器，用两位数码管显示，*CKA* 接 1 Hz 的 TTL 信号，将显示译码后 LED 数码管的值记入表中。（15 分）

电路连接图：

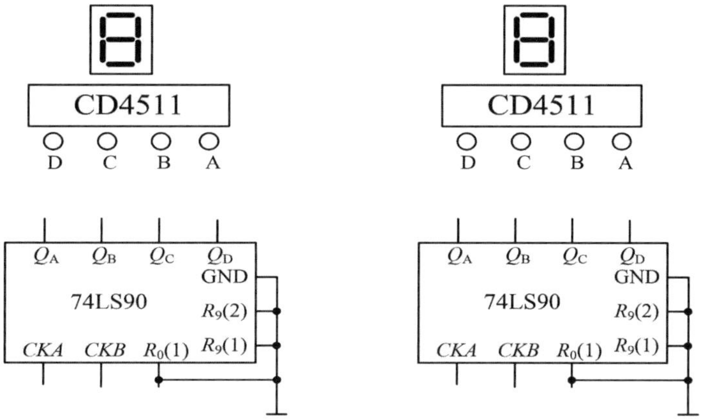


二十进制计数器实验电路测试表

| 时钟 *CP* | 1 | 2 | 3 | 4 | 5 | 6 | 7 | 8 | 9 | 10 | 11 |
|---|---|---|---|---|---|---|---|---|---|---|---|
| 2 位 LED 显示值 | | | | | | | | | | | |
| 时钟 *CP* | 12 | 13 | 14 | 15 | 16 | 17 | 18 | 19 | 20 | 21 | 22 |
| 2 位 LED 显示值 | | | | | | | | | | | |

4. 用 $IC_7$（74LS92）构成六进制计数器，计数序列为 0，1，2，3，4，5。将 $IC_7$ 先接成十二进制形式，*CKA* 接 1 kHz TTL 信号，用示波器测试并观察其输出六进制（$Q_C$、$Q_B$、$Q_A$）的波形，记录 *CP* 和输出 $Q_C$、$Q_B$、$Q_A$ 的波形及其幅度和周期。（25 分）

电路连接图：

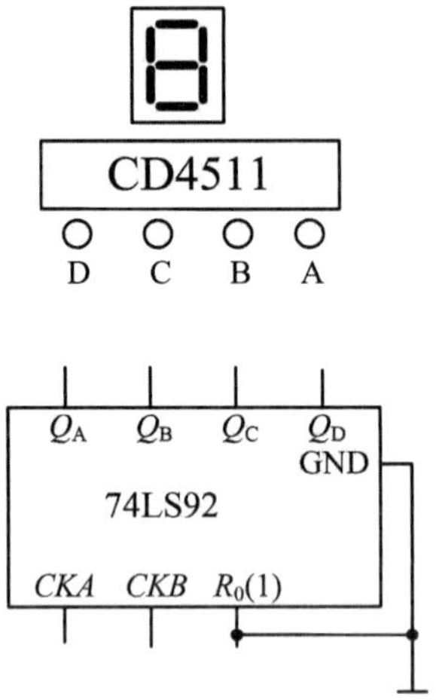


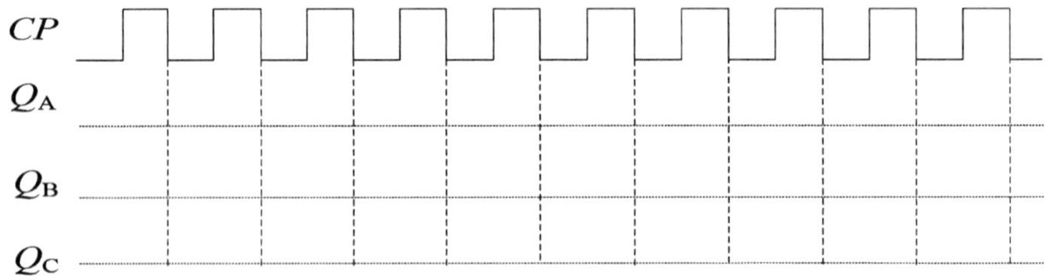


*CP* 的幅度为___，周期为__；$Q_A$ 的幅度为_______，周期为_______；$Q_B$ 的幅度为_______，周期为___；$Q_C$ 的幅度为______，周期为_______；

5. 设计性实验

实验任务：自行设计并画出实现以下各种进制的异步计数器的电路。输入时钟接 1 Hz 的 TTL 信号，输出结果用七段数码管显示，自拟表格观察记录其输出结果。用异步计数器 74LS90/92 实现多种进制的异步计数器。

(1) 模 12 计数器（十二进制计数器）（必做）（20 分）

（输出 00-01-02-10-11-12-20-21-22-30-31-32）

电路原理图：

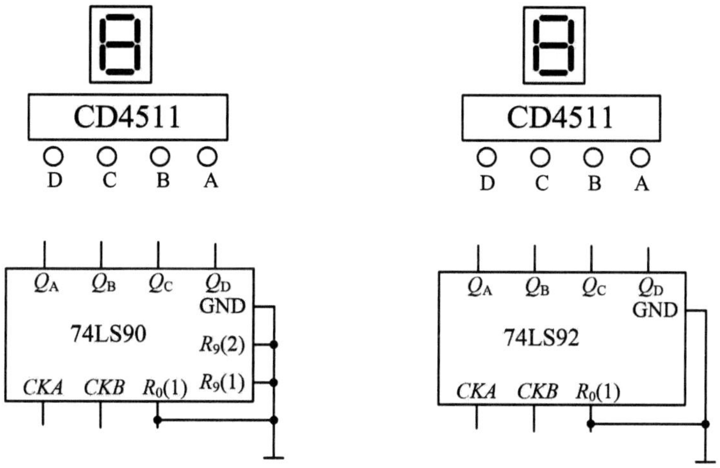


模 12 计数器实验电路测试表

| 时钟 $CP$ | 1 | 2 | 3 | 4 | 5 | 6 | 7 | 8 | 9 | 10 | 11 | 12 | 13 | 14 |
|---|---|---|---|---|---|---|---|---|---|---|---|---|---|---|
| 2 位 LED 显示值 | | | | | | | | | | | | | | |

实验问答：仅在实验板用上述 74LS90 以及 74LS92 各一片：

能否实现输出为 00-01-02-03-10-11-12-13-20-21-22-23 的序列呢？（5 分）

能否实现输出为 00-01-02-03-04-05-06-07-08-09-10-11 的序列呢？（5 分）

**以下内容（选做）或课后练习**

（2）二位二进制计数器（比如：输出 00-01-10-11）

电路原理图：

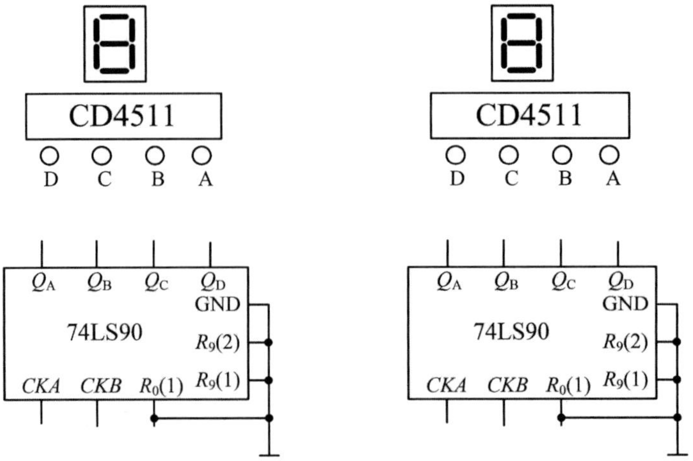


（3）模 4 计数器（比如：输出 0-1-2-3）

电路原理图：

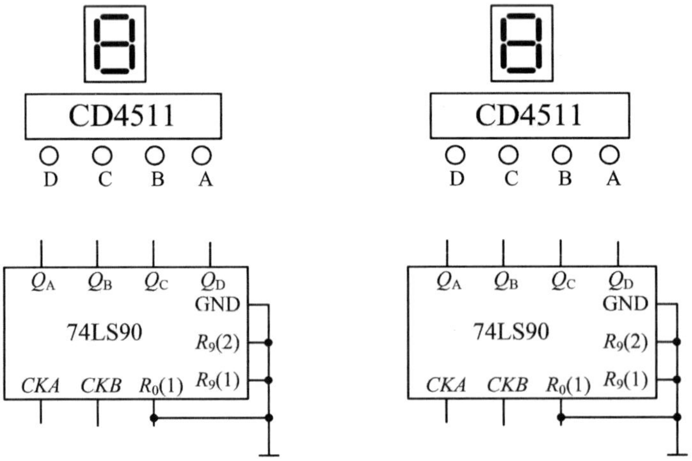


（4）模 12 计数器（十二进制计数器）

（输出 00-01-02-03-04-05-10-11-12-13-14-15）

电路原理图：

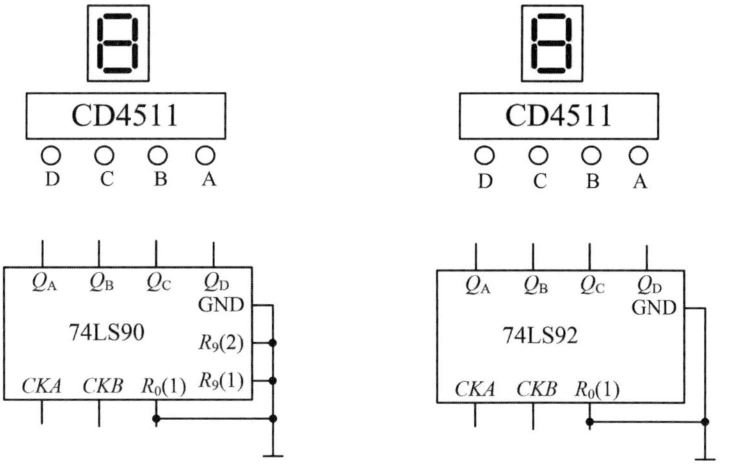


思考：能否实现输出为 00-01-02-03-10-11-12-13-20-21-22-23 呢？若要求输出为 00-01-02-03-····-10-11 呢？

（5）二十五进制计数器（比如：输出 00-01-····-04-10-11-····-14-20--····-44）

电路原理图：

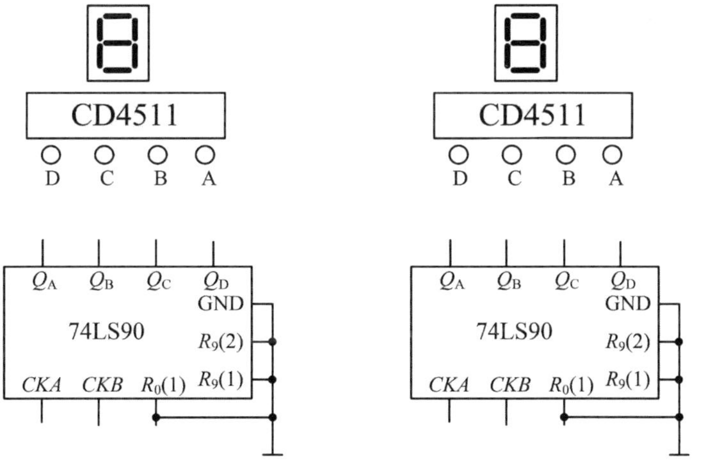

（6）模 30（三十进制）计数器

A. 输出 00-01-…-04-10-11-…-14-20--…-54

电路原理图：

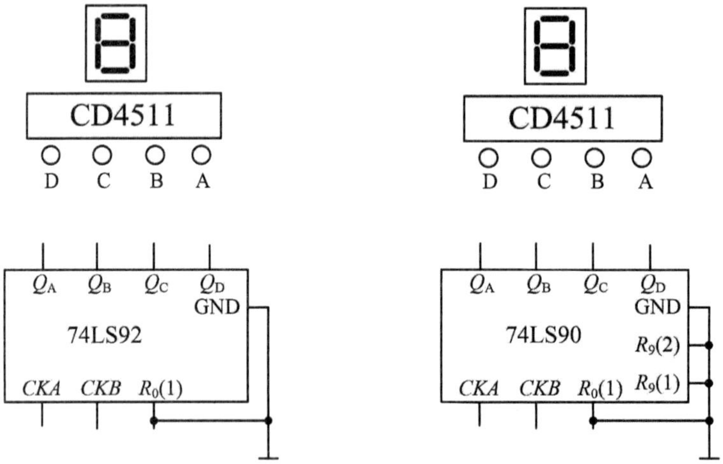


B. 输出 00-01-…-09-10-11-…-29

电路原理图：

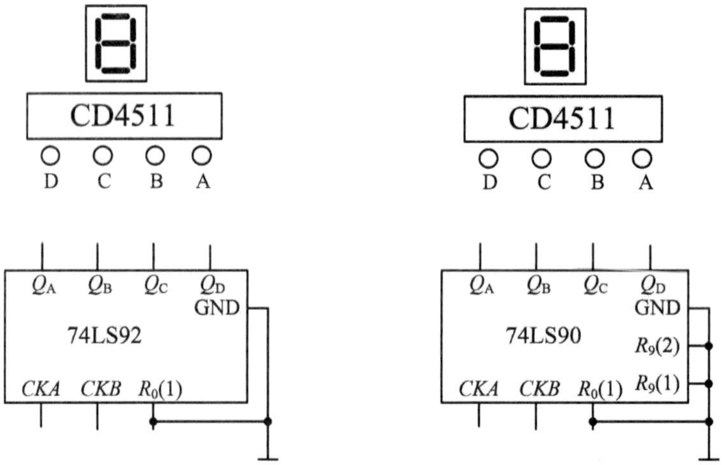

（7）五十进制计数器（输出 00-01-⋯-09-10-11-⋯-49）

电路原理图：

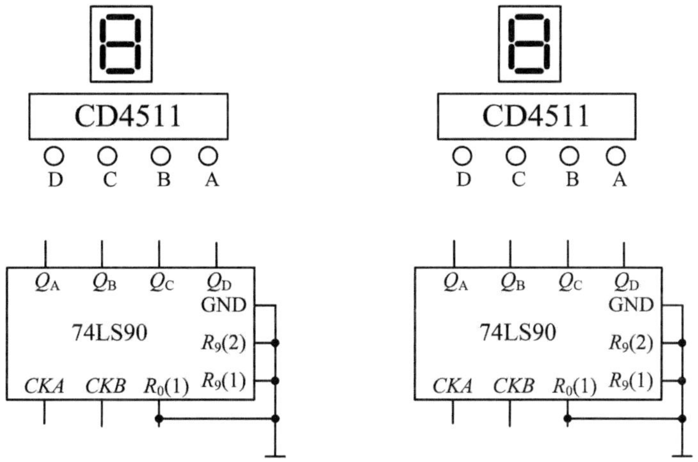


思考：若输出为 00-01-⋯-04-10-11-⋯-94 呢？

（8）一百进制计数器（输出 00-01-⋯-09-10-11-⋯-99）

电路原理图：

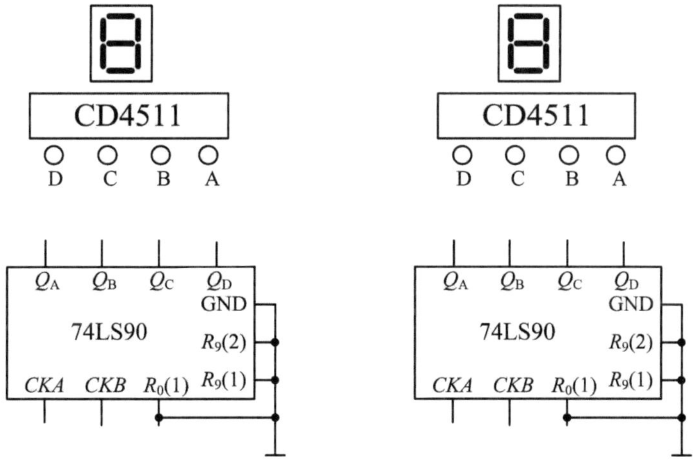

七、实验结论：（总结用异步计数器 74LS90/92 实现多种进制的异步计数器的方法）

八、思考题：

异步计数器 74LS90/92 有没有专门的进位信号输出端？两片 74LS90 级联时，高位片和低位片应如何连接？

九、总结及心得体会：

十、对本实验过程及方法、手段的改进建议：（有则写，没有可以不写）

# 电子科技大学电子技术应用实验

# 实 验 报 告

学生姓名：____________学　　号：___________ 报告评分：

实验地点：________实验时间：___周____第____节　指导老师：__________

一、实验项目名称：　　　　555 集成定时器的应用-多谐振荡器

二、实验学时：______________________________________________

三、实验目的：

______________________________________________

______________________________________________

______________________________________________

四、实验器材：

______________________________________________

______________________________________________

五、实验原理：（版面不够可另加附页）

1．555 定时器的内部结构和功能简述

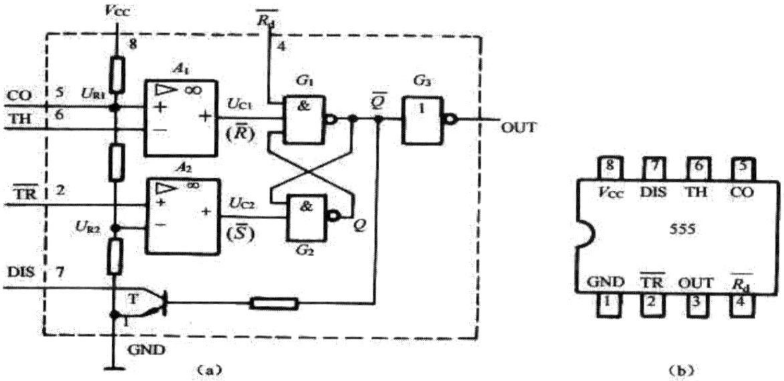


(a)　　　　(b)

2．555 定时器构成的多谐振荡器

由 555 定时器和外接元件 $R_1$、$R_2$、$C$组成的多谐振荡器原理图如（a）图所示。

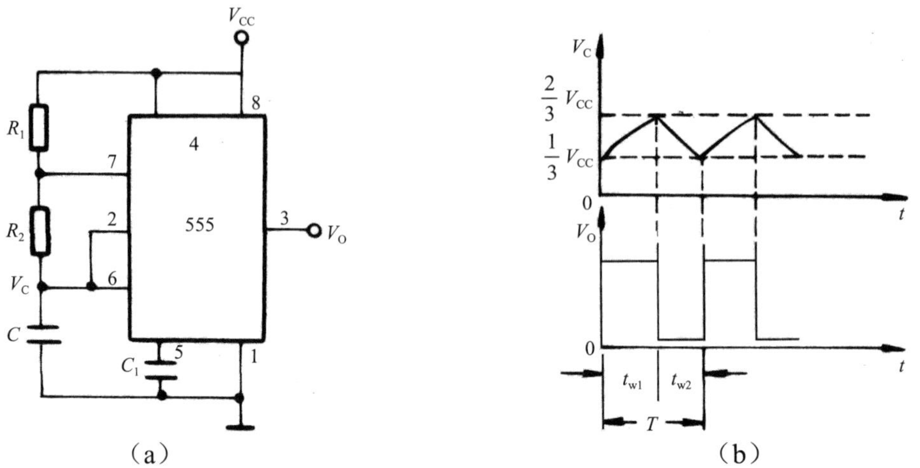


多谐振荡器原理图及波形图

其工作原理为：

（1）实验中 555 电路的实际供电电压为：____________________

（2）输出信号周期的理论值为：

（3）输出信号占空比的理论值为：

（4）根据公式计算表中不同 $R$、$C$ 值对应的输出信号参数的理论值。

| | | | | |
|---|---|---|---|---|
| $R_1$=$R_2$=100 kΩ | $C$=0.1μF | $T$= | $f$= | 占空比= |
| $R_1$=22 kΩ，<br>$R_2$=10 kΩ | $C$=0.01μF | $T$= | $f$= | 占空比= |

3．通过实验原理的学习，回答下列问题：

（1）555 定时器芯片内部的比较器 $A_1$ 和 $A_2$，当反相输入端（-）电位高于同相输入端（+）电位时，输出为________________（高电平/低电平）。

（2）555 定时器内放电晶体管 T 在管脚 3（OUT）输出____________（高电平/低电平）时将 7 脚与地短路。

（3）根据 555 定时器的逻辑结构图以及功能表判断，若 TH 端接小于比较器 $A_1$ 同相输入端电压的直流信号、$\overline{TR}$ 端接小于比较器 $A_2$ 反相输入端电压的直流信号、$\overline{R_d}$ 端接高电平时，输出________________（高电平/低电平）。

（4）当 555 定时器管脚 6（TH）电位大于比较器 $A_1$ 同相输入端电压、$\overline{TR}$ 端电位大于比较器 $A_2$ 反相输入端电压、$\overline{R_d}$ 端接高电平时，RS 触发器________（复位/置位），使管脚 3 输出为______________（高电平/低电平）。

（5）图 3.1 所示的 555 多谐振荡器的占空比总是_______（大于/小于）50%。

（6）若 $V$cc=6 V，图 3.1 所示的 555 多谐振荡器中 $V$c（2、6 脚）处的三角波的最小电压应为__________V，最大电压应为__________V。

（7）在 555 定时器的逻辑结构图中，基本 RS 触发器的输入端 $\overline{R}$ 为________（高电平/低电平）时触发器将____________（复位/置位）；$\overline{S}$ 为_________（高电平/低电平）时触发器将____________（复位/置位）；$\overline{R}$ $\overline{S}$ 端_______（能/不能）同时为低电平，原因是________________________________________

________________________________________________________________。

学生姓名：_____学　号：_____教师签字：______成绩：________　　座位号：

六、实验原始数据记录：（总分 100 分）

1．用 555 定时器构成多谐振荡器

（1）按多谐振荡器原理图连接电路，取 $R_1=R_2=100\ \mathrm{k\Omega}$，$C_1=0.01\ \mu\mathrm{F}$、$C=0.01\ \mu\mathrm{F}$。用双踪示波器观察并记录 $V_C$、$V_O$ 波形，注意记录各输出电压幅值以及输出波形的周期。（示波器探头设置为 10×）

用双踪示波器观测 $V_C$ 和 $V_O$ 的波形并画图：（注意标出 0V 的位置）（20 分）

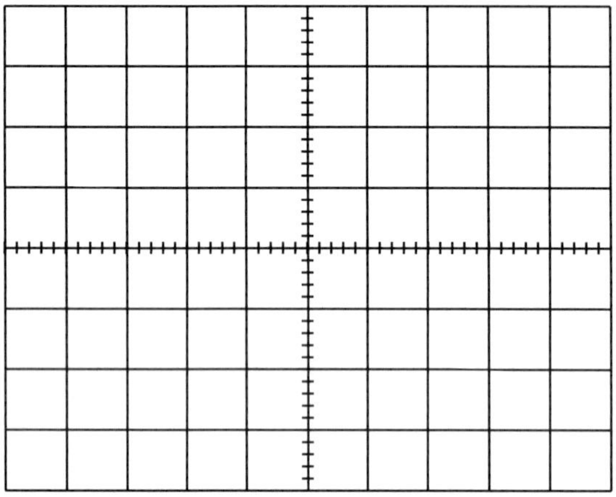

示波器的输入耦合方式：_____

记录波形参数：

$V_C$ 电压的最大值为：_________

$V_C$ 电压的最小值为：_________

$V_o$ 电压的顶端值为：_________

$V_o$ 电压的底端值为：_________

（2）改变 $C$ 或改变电阻 $R_1$、$R_2$。分别测试输出信号的频率和占空比，记录相应数据于表中。（20 分）

$R$、$C$ 参数变化测试表

| | | | |
|---|---|---|---|
| $R_1=R_2=100\ \mathrm{k\Omega}$ | $C=0.1\ \mu\mathrm{F}$ | $f=$ | 占空比= |
| $R_1=22\ \mathrm{k\Omega}$，$R_2=10\ \mathrm{k\Omega}$ | $C=0.01\ \mu\mathrm{F}$ | $f=$ | 占空比= |

（3）若利用实验板上的资源实现输出矩形波的振荡频率约_________Hz，占空比约为__________，应如何选择的外接元件 $R$ 和 $C$？（40 分）

理论计算：$R_1$=______；$R_2$=______；$C$=__________________。

实际测试时选用的 $R_1$=______；$R_2$=______；（写明电阻的串并情况）；$C$=____________。

实测振荡器频率=_____；占空比=_____。频率误差$\Delta f/f$=________；占空比误$\Delta q/q$=________。

2. 实验问题：写出最后一个任务中 $R$，$C$ 的计算过程（20 分）。

七、实验内容、实验数据整理及结果分析：

用 555 定时器构成多谐振荡器

（1）按多谐振荡器原理图连接电路，取 $R_1$=$R_2$=100 kΩ，$C_1$=0.01 μF、$C$=0.01μF。用双踪示波器分别观察并记录 $V_C$、$V_O$ 波形，注意记录各输出电压幅值以及输出波形的周期。（示波器探头设置为 10×）

实验电路图为：

在下边的坐标纸上画出原始记录测得的 $V_C$、$V_O$ 波形，并标出相应参数。

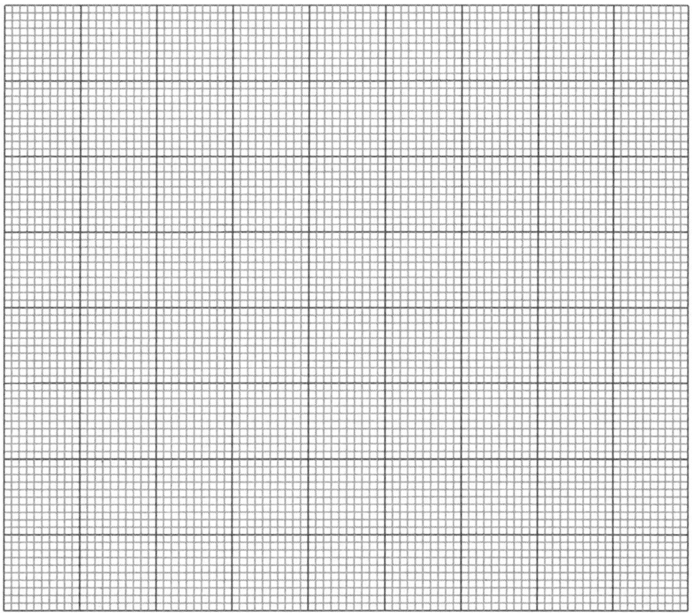

（2）改变 $C$ 或改变电阻 $R_1$、$R_2$。分别测试输出信号的频率和占空比，记录相应数据填于下表中。

| | | | |
|---|---|---|---|
| $R_1=R_2=100\ \mathrm{k\Omega}$ | $C=0.1\mu F$ | $f=$ | 占空比= |
| $R_1=22\ \mathrm{k\Omega}$,<br>$R_2=10\ \mathrm{k\Omega}$ | $C=0.01\ \mu F$ | $f=$ | 占空比= |

结果分析：（实测参数与理论值相比较）

八、实验结论：

九、思考题：

1．555 定时器，若电路供电电源为 6 V，CO 端为电压控制端，当它悬空时，触发电平分别为多少？当它接固定电平 $V_{CO=}5$ V 时，触发电平分别为多少？

2．对于本次实验中用 555 定时器构成的多谐振荡器，其振荡周期和占空比的改变与哪些因素有关？在此电路中若只需改变周期，而不改变占空比，应调整哪个元件参数?

3．若将接在 $V_C$ 处的示波器探头由 10×改为 1×或改用开路电缆测试 $V_C$，重新测试上表中第一行的数据，测试结果可能有哪些变化？为什么？

十、总结及心得体会：

十一、对本实验过程及方法、手段的改进建议：（有则写，没有可以不写）

# 电子科技大学电子技术应用实验

# 实 验 报 告

学生姓名：______________学　　号：____________ 报告评分：

实验地点：________实验时间：___周__第___节　指导老师：____________

一、实验项目名称：　555 集成定时器的应用-单稳态触发器

二、实验学时：

三、实验目的:

四、实验器材：

五、实验原理：（版面不够可另加附页）

1．用 555 定时器构成单稳态触发器

用 555 定时器构成的单稳态触发器原理如单稳态触发器原理图所示。

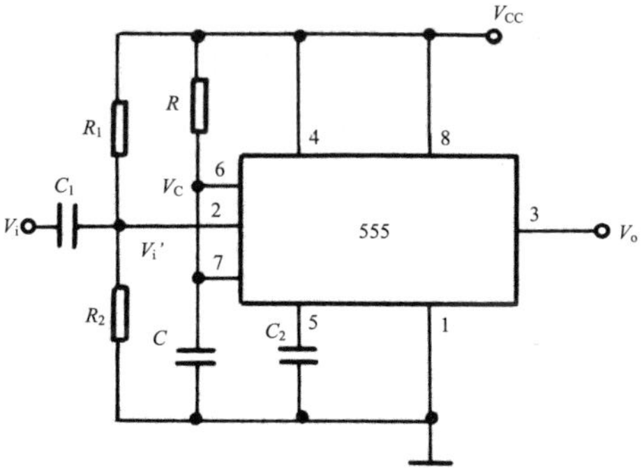


单稳态触发器电路原理图

其工作原理为：

（1）在上述单稳态触发器电路原理图中 $C_1$、$R_1$、$R_2$ 构成的电路对输入信号起什么作用？

______________________________________________________________________

（2）由单稳态触发器电路原理图可知，该单稳态触发器的暂态持续时间理论值公式为____________________。

（3）该单稳态触发器的输入信号为加在引脚 _____的信号，其____（正/负）边沿有效触发。电路的输出信号 $V_O$ 稳态为_______（0/1），暂态为_____（0/1）。该电路是________________________________（可重复触发/不可重复触发）的单稳态触发器。

2．通过实验原理的学习，回答下列问题：

（1）分析下面电路的输出与电路参数的关系。若输入信号 $V_i$ 为频率 100 Hz 的 TTL 信号，$C$ 为 0.1 μF，$R$ 为 1 kΩ，则输出波形为下图中的哪个形式？

______________________

若将 $V_i$ 的频率改为 1 MHz，输出波形又为下图中的哪个形式？____________

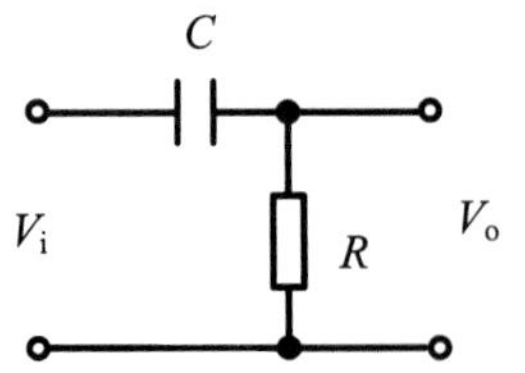


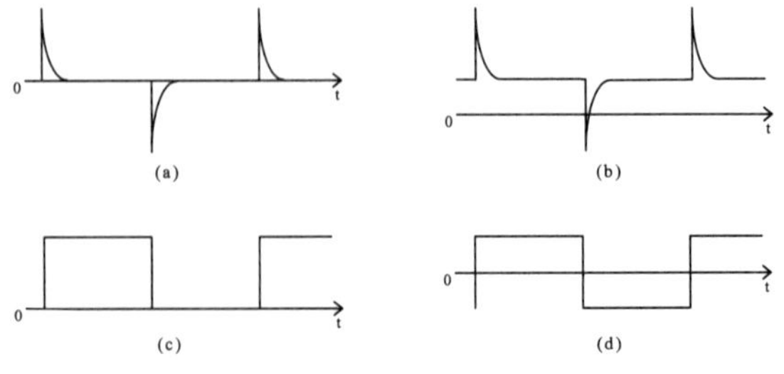

学生姓名：______ 学　号：_____ 教师签字：_____成绩：____

座位号：

## 六、实验原始数据记录：（总分 100 分）

1．用 555 定时器构成单稳态触发器

按原理图连接电路，取 $R_1=R_2=5.1\ \text{k}\Omega$，$R=100\ \text{k}\Omega$，$C=0.01\ \mu\text{F}$，$C_1=0.01\ \mu\text{F}$。输入 600 Hz TTL 信号，用双踪示波器分别观察并记录 $V_i$、$V_i'$、$V_C$、$V_O$ 的波形，并标出周期、幅值、脉宽等。（50 分）

（将双踪波形按时序画于右侧栅格内）

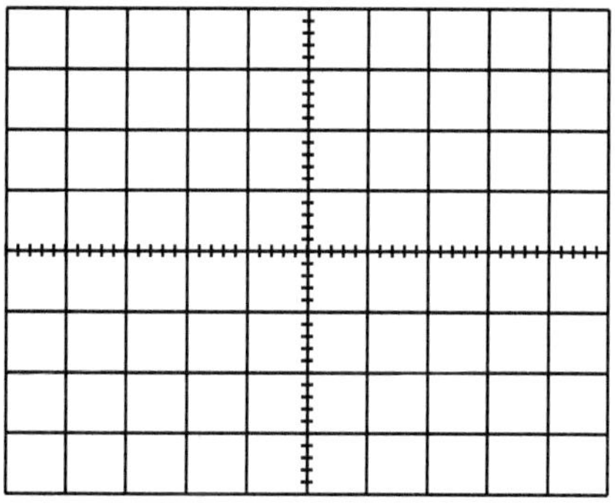

CH1：$V_i$
CH2：$V_i'$
垂直偏转系数：
CH1：________
CH2：________
水平时基：200 μs
其他测试参数：

2．对于单稳态触发器原理图，若利用实验板上的资源实现正脉宽为 11 ms 的单稳态触发器，应如何选择的外接元件 $R$ 和 $C$？
$R$=______；$C$=_________。
实测正脉宽为___________。（30 分）

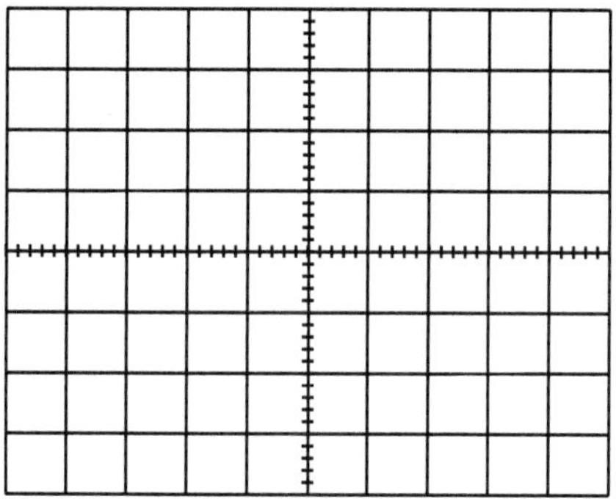

CH1：$V_i'$
CH2：$V_C$
垂直偏转系数：
CH1：________
CH2：________
水平时基：200 μs
其他测试参数：

3．实验问答（20 分）

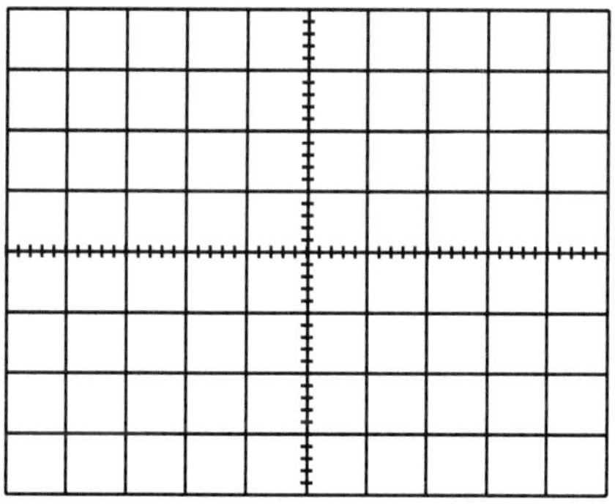

CH1：$V_C$
CH2：$V_O$
垂直偏转系数：
CH1：________
CH2：________
水平时基：200 μs
其他测试参数：

七、实验内容、实验数据整理及结果分析：

1．用 555 定时器构成单稳态触发器

按单稳态触发器电路原理图连接电路，取 $R_1=R_2=5.1\ \text{k}\Omega$，$R=100\ \text{k}\Omega$，$C=0.01\mu\text{F}$，$C_1=0.01\mu\text{F}$。输入 600 Hz 的 TTL 信号，将原始记录的 $V_i$、$V_i'$、$V_C$、$V_O$ 的波形画于右面的坐标纸图上，并在图中标出周期、幅值、脉宽等参数。

实验电路图为：

结果分析：（实测参数与理论值相比较）

实验结论：

八、思考题：

1．本次实验中由 555 构成的单稳态触发器中，为什么要将输入信号变为窄脉冲信号？

2. 本次实验中由 555 构成的单稳态触发器中，输出波形的脉冲宽度与哪些因素有关？

九、总结及心得体会：

十、对本实验过程及方法、手段的改进建议：（有则写，没有可以不写）

# 电子科技大学电子技术应用实验

# 实 验 报 告

学生姓名：____________学　　号：___________ 报告评分：

实验地点：_________实验时间：__周__第___节　指导老师：_________

一、实验项目名称：　　单稳态触发器实现脉冲延时的研究

二、实验学时：

三、实验目的：

四、实验器材：

五、实验原理：（版面不够可另加附页）

1．单稳态触发器（概念及应用特点）

2．用与非门构成的单稳态触发器

微分型单稳态触发器电路原理图如图所示。

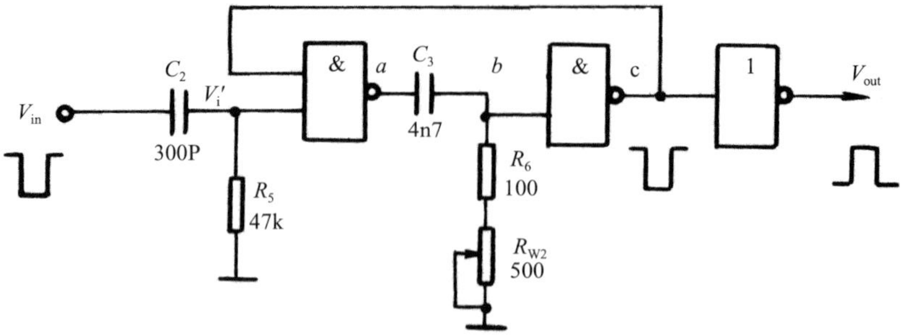


微分型单稳态触发器电路原理图

电路的工作原理为：

（1）微分型单稳态触发器电路原理图中有几个微分电路结构？分别是由哪些参数构成的？

（2）微分型单稳态触发器电路原理图中输入微分电路能对输入信号起到微分作用（设 $t < 5RC$），在输入微分电路参数不变的条件下，输入 TTL 信号的频率在理论上不应高于____________Hz。为什么？

________________________________________

________________________________________

________________________________________

（3）微分型单稳态触发器电路原理图中对输入信号的触发条件为 ____（上升沿触发/下降沿触发）。

（4）根据微分型单稳态触发器电路原理图中参数，输出 $V_{out}$ 脉宽的理论值 $t_W \approx$ ________________________。

（5）实验板上微分型单稳态触发器电路中，与非门的型号为__________，其门阈值电压的理论值约为____________________________。

3．集成单稳态触发器 CD4098

（1）实验中的集成单稳态触发器 CD4098 电路是否可以重复触发？

______________________________________________________________

（2）集成单稳态触发器 CD4098 有几种边沿触发类型？

______________________________________________________________

（3)集成单稳态触发器 CD4098 的延时或定时与哪些外参数有关？理论值为：

______________________________________________________________

4．根据实验原理，回答下列问题：

（1）单稳态触发器的作用有___________________。

A. 波形变换　　B. 脉冲整形　　C. 鉴幅　　D. 延时　　E. 定时

（2)用示波器测试如下图所示波形 $Q_1$，若想在示波器上准确地读出窄脉冲的宽度，下面的水平扫描时基档位中设置哪个比较合适？________________

正脉冲的波形

A. 100 μs　　B. 10 μs　　C. 1 μs　　D. 100 ns

（3）集成单稳态触发器有两种类型：______________________________

和_____________________________________。

学生姓名：______ 学 号：______ 教师签字：_______成绩：______

| 座位号： |
| --- |

## 六、实验原始数据记录：

1．测试用与非门构成的微分型单稳态触发器电路。

（1）输入 $V_{in}$ 接高阻脉冲波，高电平为 5 V，低电平为 0 V,占空比为 50%。当 $V_{in}$ 频率分别为 100 kHz 和 5 kHz 时，观察输入微分电路的输出 $V_i'$ 和输入 $V_{in}$ 有什么不同？(10 分)

（1-1）输入信号频率为 100 kHz 的 $V_{in}$ 和 $V_i'$

水平时基：1 μs

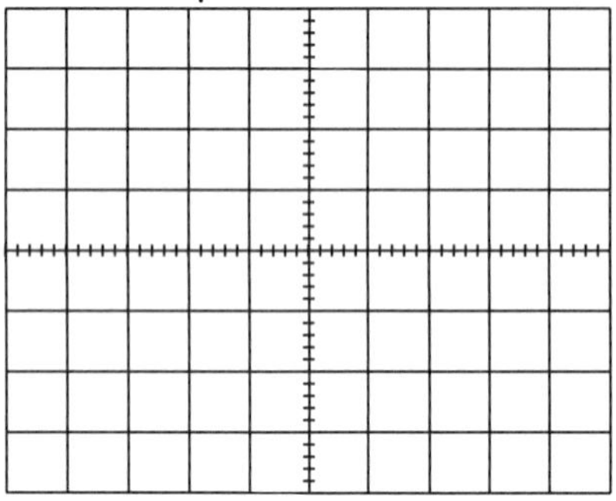

（1-2）输入信号频率为 5 kHz 时的 $V_{in}$ 和 $V_i'$

水平时基：50 μs

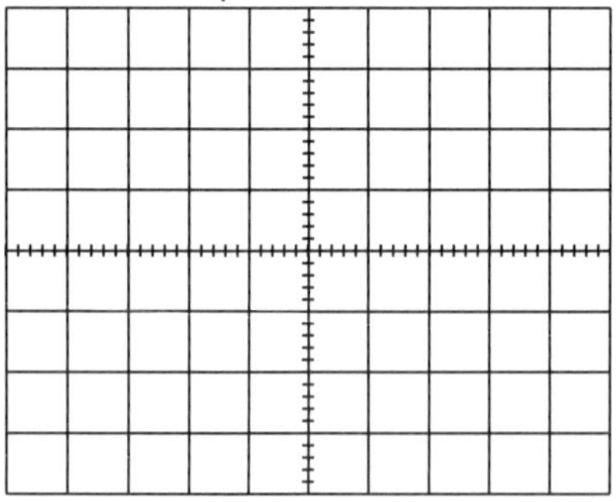

（2）当输入 $V_{in}$ 接 5 kHz TTL 信号，$R_{W2}$ 调至中间位置，用双踪示波器观测并测试 $V_i'$，$V_a$，$V_b$，$V_c$，$V_{out}$ 的波形；

(分别将波形按时序画于本页右侧栅格中。)

按要求记录相应参数及测试数据（60 分）

（3）通过改变 $R_{W2}$，测试此电路输出 $V_{out}$ 中暂稳态的最大及最小定时时间 $tw_{min}$ 和 $tw_{max}$。（10 分）

$tw_{min}$=________；$tw_{max}$=________

（4）输入信号频率为 5 kHz 时测试：

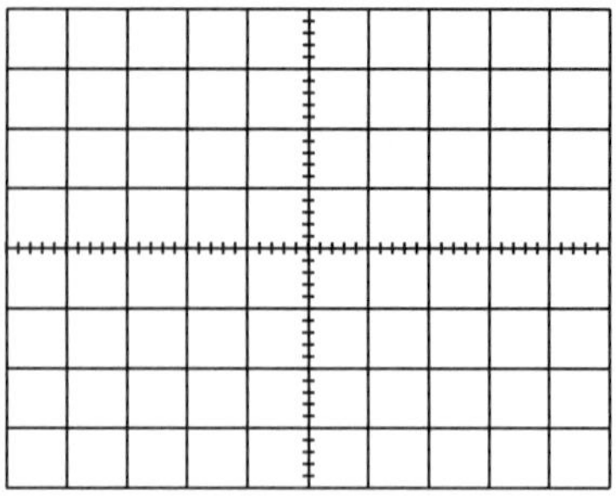

CH1：$V_i'$
CH2：$V_a$
垂直偏转系数：
CH1：________
CH2：________
水平时基：50 μs

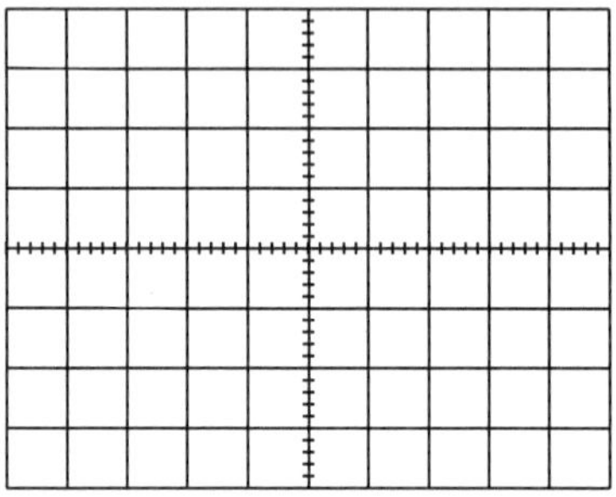

CH1：$V_a$
CH2：$V_b$
垂直偏转系数：
CH1：________
CH2：________
水平时基：1 μs

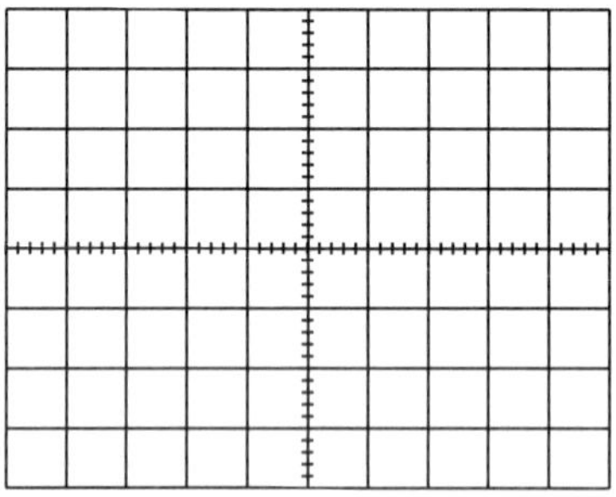

CH1：$V_b$
CH2：$V_c$
垂直偏转系数：
CH1：________
CH2：________
水平时基：1 μs

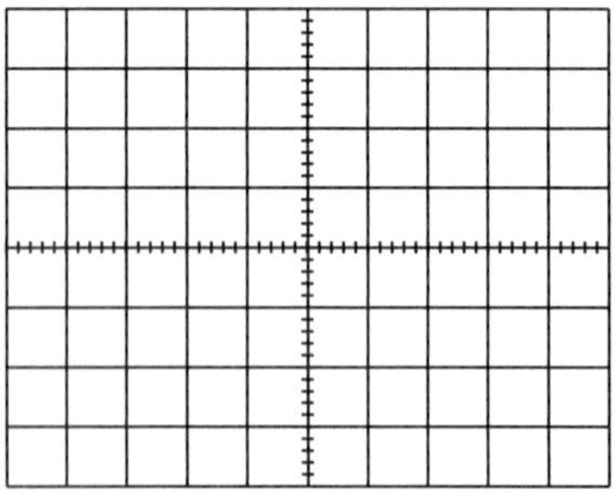

CH1：$V_c$
CH2：$V_{out}$
垂直偏转系数：
CH1：________
CH2：________
水平时基：1 μs

2．实验问答（20 分）

七、实验内容、实验数据整理及结果分析：

1．测试用与非门构成的微分型单稳态触发器电路。

（1）根据测试数据，观察输入微分电路的输出 $V_i'$ 和输入波形的关系，得出结论。

（2）当输入 $V_{in}$ 接 5 kHz TTL 信号，$R_{W2}$ 调至中间位置，根据原始记录测试 $V_{in}$ 和 $V_i'$，$V_a$，$V_b$，$V_c$，$V_{out}$ 的波形，在右面的坐标纸上画出 $V_{in}$ 和 $V_i'$，$V_a$，$V_b$，$V_c$，$V_{out}$ 的时序波形，并在图中标出相关参数值。

（3）通过改变 $R_{W2}$，测试此电路输出 $V_{out}$ 中暂稳态的最大及最小定时时间 $tw_{min}$ 和 $tw_{max}$，并与理论值相比较。

实验结果分析：

八、实验结论：

九、思考题：

1．为什么在原理图中微分型单稳态触发器的 $V_i'$端波形是尖脉冲波形?

2．设计型实验中的延时定时灯实验你做了吗？改变哪个元件可以改变延时时间？改变哪个元件可以改变定时时间？

十、总结及心得体会：

十一、对本实验过程及方法、手段的改进建议：（有则写，没有可以不写）

# 电子科技大学电子技术应用实验

# 实 验 报 告

学生姓名：____________学　　号：___________ 报告评分：

实验地点：_________实验时间：__周__第__节　指导老师：____________

一、实验项目名称：　　　　数据选择和译码显示

二、实验学时：

三、实验目的:

四、实验器材：

五、实验原理：（版面不够可另加附页）

数据选择器分时传输组成动态译码的原理框图。

学生姓名：____　学　号：_____　教师签字：_____　成绩：_____　座位号：

六、实验原始数据记录：（总分 100 分）

1．同步计数器工作波形测试。（35 分）

将同步计数器 74LS161 的 *CP* 接入 1 kHz 的 TTL 信号，用示波器双踪测量，分别画出 *CP*、$Q_A$、$Q_B$ 的波形。记录每个波形的幅度和周期（注意：*CP*，$Q_A$，$Q_B$ 的时序关系）

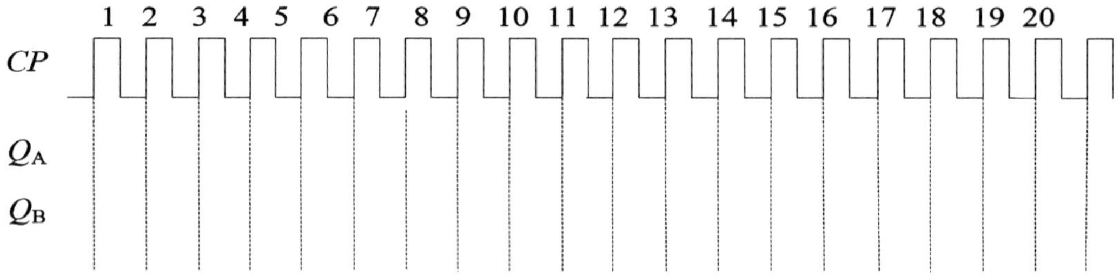


CP 的幅度为____，周期为_____；$Q_A$ 的幅度为________，周期为_________；

$Q_B$ 的幅度为____，周期为____；$Q_BQ_A$ 在连续 4 个时钟周期内输出为_____________。

2．完成四路数据 LED 动态显示实验。要求：实现从左至右每隔 1 秒依次显示 6、7、8、9 以及从左至右同时显示 6、7、8、9。（40 分）

若改变输入频率，使之在 500～2 Hz 范围变化，观察显示效果，得出相应结论填入下表。（10 分）

LED 动态显示测试表

| *CP* (Hz) | LED 输出显示效果 |
|---|---|
| 500 | |
| 200 | |
| 10 | |
| 2 | |

3．实验问答（15 分）

七、实验过程及原始记录，数据整理及结果分析：

分析每个模块的功能：

1．BCD 码-七段码显示译码器功能分析。

结论：

2．二进制译码器 74LS139 的逻辑功能分析。

将原始记录中为了实现动态显示，LED 公共端 $Y_3$，$Y_2$，$Y_1$，$Y_0$ 与译码器 139 的输出 $1Y_3$，$1Y_2$，$1Y_1$，$1Y_0$ 之间的连线关系填入下面括号内。

$Y_3$—（　　）；　$Y_2$—（　　）；　$Y_1$—（　　）；　$Y_0$—（　　）。

结论：

3．数据选择器 74LS153 的逻辑功能分析。

（1）将 2 片 74LS153 的输出 *DCBA* 接显示译码器 CD4511 的输入端 *DCBA*。

（2）2 片数据选择器可以选择 4 个数据（每个数据有 4 位如 $D_iC_iB_iA_i$），可由发光管指示。实验板上数据选择器的地址端 *B*、*A* 与 74LS139 的输入 *B*、*A* 端已连在一起，可用手动控制。

（3）手动控制 *B*、*A*，实现在 LED3、LED2、LED1、LED0 上依次显示 6、7 、8、9 应如何设置数选的数据输入端 $D_iC_iB_iA_i$。

结论：

4. 同步计数器分析。

分析应用 74LS161 的输出信号可以在动态显示中起到何种作用。

结论：

5．四路数据 LED 动态显示实验。要求：实现从左至右每隔 1 秒依次显示 6、7、8、9 以及从左至右同时显示 6、7、8、9。

【完成下面的实验电路的连接框图，包括数选输入端数据】

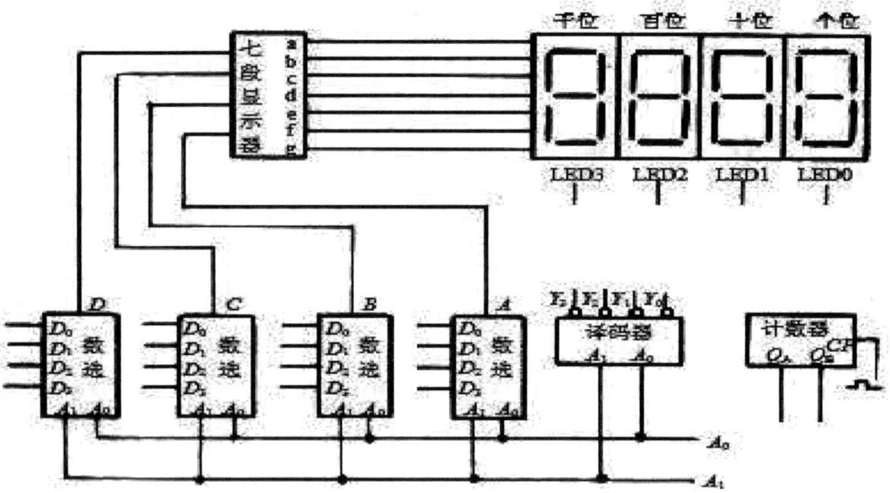


若改变输入频率，使之在 500～2 Hz 范围变化，观察显示效果，得出相应结论，如表所示。

LED 动态显示测试表

| *CP* /Hz | LED 输出显示效果 |
| --- | --- |
| 500 | |
| 200 | |
| 10 | |
| 2 | |

结论：

八、思考题：

1．用 BCD 码 7 段显示译码器驱动数码管，译码器与数码管之间需要串接电阻，为什么？

2．画图说明如何用 74LS153 及门电路组成八选一数据选择器。

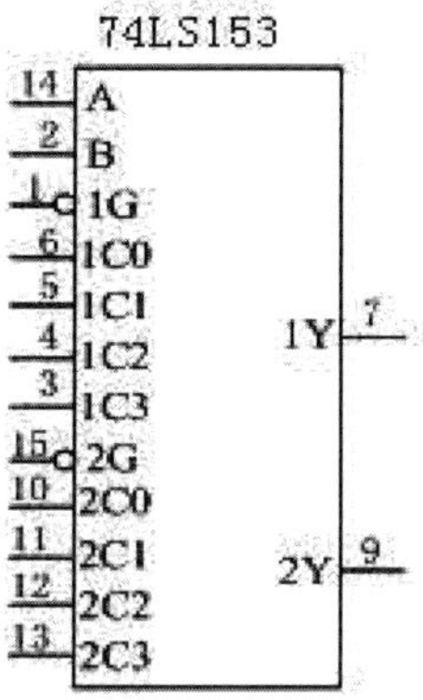


九、总结及心得体会：

十、对本实验过程及方法、手段的改进建议：（有则写，没有可以不写）

# 电子科技大学电子技术应用实验

# 实 验 报 告

学生姓名：____________学　　号：___________ 报告评分：

实验地点：_________实验时间：__周__第__节　指导老师：___________

一、实验项目名称：　　课程设计 1：　触摸延时灯仿真设计

二、实验学时：

三、设计要求：

利用单稳态触发器设计触控延时灯，要求利用触发波形的边沿模拟触控点实现触发，触发后 2 秒灯亮，灯亮的时间在 5~10 秒之间可调。要求利用仿真软件实现电路并仿真。

四、参考方案

参考方案 1: 利用集成单稳态触发器 CD4098 设计简易的触摸延时灯电路。应用 CD4098 可以实现脉冲延时，原理图如图所示。4 脚为触发信号输入端，可通过比较器对触摸产生的信号进行比较后再产生触发信号，使触发准确度得以提高。

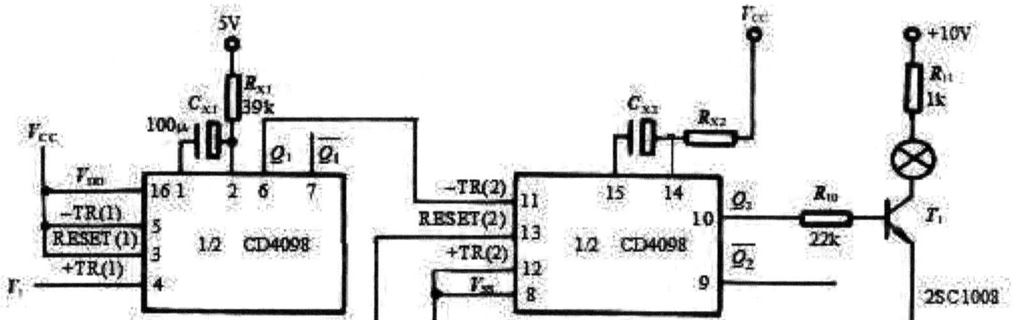


CD4098 实现脉冲延时的原理图

$t_{W1}=1/2C_{X1}\times R_{X1}$，$t_{W1}$ 决定从触发信号（$V_i$）有效到灯亮的时间。

$t_{W2}=1/2C_{X2}\times R_{X2}$，$t_{W2}$ 决定灯持续亮多久。

其工作过程如延时灯的工作过程图所示。

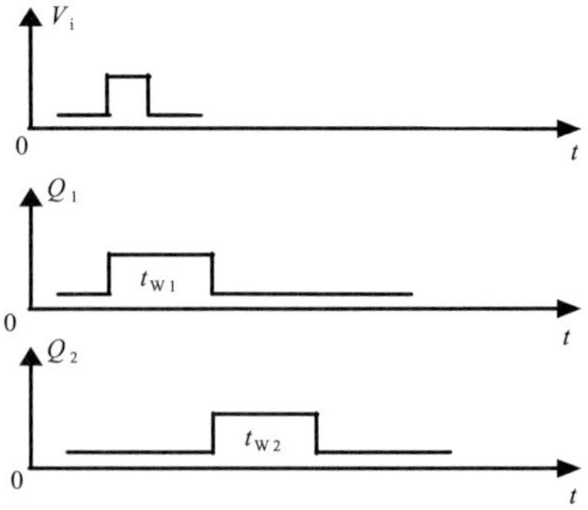


延时灯的工作过程

参考方案 2：利用 555 实现单稳态触发器设计电路。

其他方案可自由发挥。

五、设计内容（需后面另附页完成以下 5 项）

（1）根据任务要求写出你自己的设计方案，选定器件；

（2）根据所选器件画出电路图；

（3）写出实验步骤和测试方法，设计实验记录表格；

（4）进行安装、调试及测试，排除实验过程中的故障；

（5）分析、总结实验结果。

触摸延时灯仿真设计报告（可另附页要求交纸质档）

# 触摸延时灯仿真设计项目完成情况的自我评价

1.设计项目难度：【偏难】【适中】【容易】
可文字建议：

2.功能 1 的完成情况：【全部完成】【部分完成】【未完成】
未完成说明原因：

3.功能 2 的完成情况：【全部完成】【部分完成】【未完成】
未完成说明原因：

4.功能 3 的完成情况：【全部完成】【部分完成】【未完成】
未完成说明原因：

验收测试评分表：

学生姓名：____　学　号：_____　教师签字：_____　成绩：______

| 座位号： |
| --- |

1. 设计方案是否合理（15 分）

2. 是否有仿真源文件及电路图；（10 分）

3. 报告上是否有设计步骤和测试方法，是否设计实验记录表格；（25 分）

4. 报告上是否有实现情况展示、分析以及结果总结。（10 分）

5. 电路仿真结果是否可演示？（10 分）

6. 是否达到设计指标要求？（15 分）
触发功能　　　　　　【已完成】　　　【未完成】
触发后______秒灯亮　【已完成】　　　【未完成】
灯亮的时间在 5~10 秒之间可调　【已完成】　　　【未完成】

7. 设计问答（15 分）

# 电子科技大学电子技术应用实验

# 实 验 报 告

学生姓名：____________学　　号：___________ 报告评分：

实验地点：_________实验时间：__周__第__节　指导老师：___________

一、实验项目名称：　课程设计 2：交通灯仿真设计（报告可交电子档）

二、实验学时：______________________________________________

三、设计要求：

设计并实现一个简单的十字路口交通灯控制电路。具体要求：以 4 个红色指示灯、4 个绿色指示灯和 4 个黄色指示灯模拟路口东西南北 4 个方向的红绿黄交通灯。控制这些灯，使它们按下列规律亮灭。

1. 东西方向绿灯亮，南北方向红灯亮。东西方向通车，时间 ______秒；
2. 东西方向黄灯闪烁，南北方向红灯亮，时间 _____秒。
3. 东西方向红灯亮，南北方向绿灯亮。南北方向通车，时间 ______秒；
4. 东西方向红灯亮，南北方向黄灯闪烁，时间 ______秒。
5. 返回 1，继续运行。

要求在仿真软件中设计并运行，或设计实际电路调试运行，提交设计报告电子档，设计报告要包括：设计方案、电路原理图、测试表格、分析结果总结，实现结果展示(要求用仿真结果截图或者实测照片截图展示实现效果)。

四、参考方案：

参考方案 1：由数据选择器提供数据，用三只 74LS05 和外围元件（三极管、电阻等）构成已预置好的译码电路，分别驱动红黄绿指示灯发光，组成简单的十字路口交通灯控制电路。要求南北方向和东西方向两条交叉道路上的车辆交替运行。若南北方向绿灯亮，东西方向红灯亮；若东西方向绿灯亮，南北方向红灯亮；若南北方向黄灯亮，东西方向黄灯同时亮。译码输出循环显示绿灯—黄灯—红灯三个状态。十字路口交通灯控制电路可参考十字路口交通灯控制电路示意图，红黄绿指示灯译码驱动电路可参考红、黄、绿指示灯译码驱动电路图。

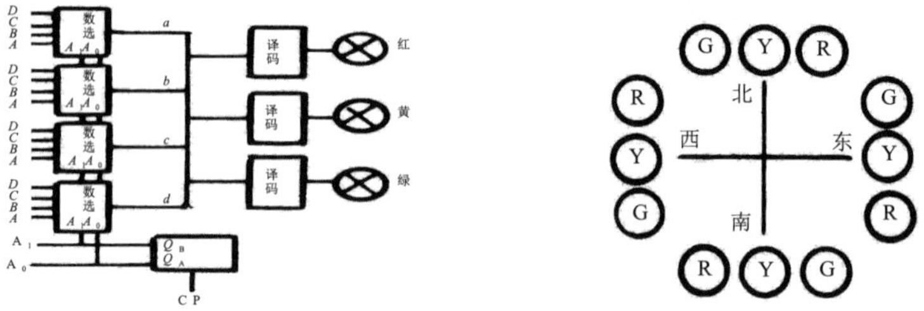


十字路口交通灯控制电路示意图

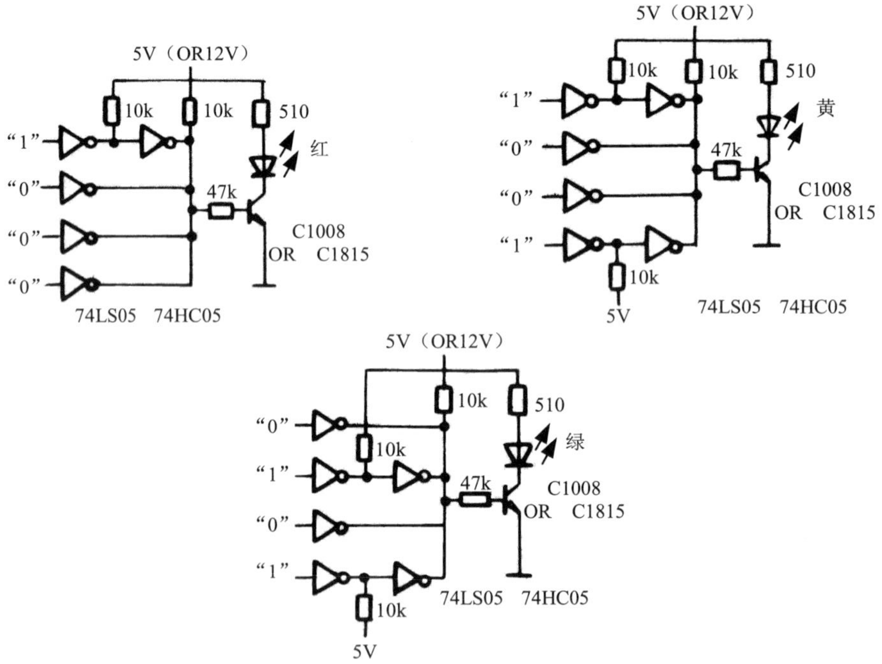


红、黄、绿指示灯译码驱动电路

参考方案 2：采用 555 定时器电路设计

其他方案可自由发挥。

四、设计内容（需后面另附页完成以下 5 项）

（1）根据任务要求写出你自己的设计方案，选定器件；

（2）根据所选器件画出电路图；

（3）写出实验步骤和测试方法，设计实验记录表格；

（4）进行安装、调试及测试，排除实验过程中的故障；

（5）分析、总结实验结果。

# 交通灯仿真设计项目完成情况的自我评价

1.设计项目难度：【偏难】【适中】【容易】
可文字建议：

2.功能 1 的完成情况：【全部完成】【部分完成】【未完成】
未完成说明原因：

3.功能 2 的完成情况：【全部完成】【部分完成】【未完成】
未完成说明原因：

4.功能 3 的完成情况：【全部完成】【部分完成】【未完成】
未完成说明原因：

验收测试评分表：

学生姓名：____　学　号：_____　教师签字：_____　成绩：______

座位号：

1. 设计方案是否合理（15 分）

2. 是否有仿真源文件及电路图；（10 分）

3. 报告上是否有设计步骤和测试方法，是否设计实验记录表格；（25 分）

4. 报告上是否有实现情况展示、分析以及结果总结。（10 分）

5. 电路仿真结果是否可演示？（10 分）

6. 是否达到设计指标要求？（15 分）

（1）东西方向绿灯亮，南北方向红灯亮。东西方向通车，时间 _____秒；

【已完成】　　【未完成】

（2）东西方向黄灯闪烁，南北方向红灯亮，时间_____秒。

【已完成】　　【未完成】

（3）东西方向红灯亮，南北方向绿灯亮。南北方向通车，时间 _____秒；

【已完成】　　【未完成】

（4）东西方向红灯亮，南北方向黄灯闪烁，时间_____秒。

【已完成】　　【未完成】

（5）返回 1，继续运行。

【已完成】　　【未完成】

7. 设计问答（15 分）

# 电子科技大学电子技术应用实验

# 实 验 报 告

# （FPGA 部分测试）

学生姓名：____________学　　号：___________ 报告评分：

实验地点：____________实验时间：____________指导老师：___________

一、实验项目名称：________优先编码器的实现________

二、实验学时：______________________________

三、实验原理：

(一)开发板资源及 FPGA设计流程

FPGA 的基本结构包括可编程输入输出单元，可配置逻辑块，数字时钟管理模块，嵌入式块 RAM，布线资源，内嵌专用硬核，底层内嵌功能单元。由于FPGA具有布线资源丰富，可重复编程和集成度高，投资较低的特点，在数字电路设计领域得到了广泛的应用。

实验中使用的开发板管教分配（部分）如下表：

管脚功能分配表（部分）

| 功能 | 管脚 | 功能 | 类型 | 方向 | 备注 |
|---|---|---|---|---|---|
| CLK | D4 | Global Clock | IO/MRCC | 输入 | 全局时钟输入 |
| Buzzer | L2 | Buzzer Driver | IO | 输出 | 蜂鸣器驱动 |
| LED | P9 | LED0 | IO | 输出 | 高有效 |
| | R8 | LED1 | IO | 输出 | 高有效 |
| | R7 | LED2 | IO | 输出 | 高有效 |
| | T5 | LED3 | IO | 输出 | 高有效 |
| | N6 | LED4 | IO | 输出 | 高有效 |
| | T4 | LED5 | IO | 输出 | 高有效 |
| | T3 | LED6 | IO | 输出 | 高有效 |
| | T2 | LED7 | IO | 输出 | 高有效 |
| | R1 | LED8 | IO | 输出 | 高有效 |
| | G5 | LED9 | IO | 输出 | 高有效 |
| | H3 | LED10 | IO | 输出 | 高有效 |

| 功能 | 管脚 | 功能 | 类型 | 方向 | 备注 |
|---|---|---|---|---|---|
| | E3 | LED11 | IO | 输出 | 高有效 |
| 拨码开关 | T9 | SW0 | IO | 输入 | |
| | T8 | SW1 | IO | 输入 | |
| | T7 | SW2 | IO | 输入 | |
| | R6 | SW3 | IO | 输入 | |
| | P6 | SW4 | IO | 输入 | |
| | R5 | SW5 | IO | 输入 | |
| | P4 | SW6 | IO | 输入 | |
| | R3 | SW7 | IO | 输入 | |
| | R2 | SW8 | IO | 输入 | |
| | N4 | SW9 | IO | 输入 | |
| | H4 | SW10 | IO | 输入 | |
| | F3 | SW11 | IO | 输入 | |
| 4×4 矩阵键盘 | R10 | | IO | 输入/输出 | 行线 1 |
| | P10 | | IO | 输入/输出 | 行线 2 |
| | M6 | | IO | 输入/输出 | 行线 3 |
| | K3 | | IO | 输入/输出 | 行线 4 |
| | T10 | | IO | 输入/输出 | 列线 1 |
| | R11 | | IO | 输入/输出 | 列线 2 |
| | T12 | | IO | 输入/输出 | 列线 3 |
| | R12 | | IO | 输入/输出 | 列线 4 |
| 数码管 | N11 | DIG5 | IO | 输出 | 位码 5 |
| | N14 | DIG4 | IO | 输出 | 位码 4 |
| | N13 | DIG3 | IO | 输出 | 位码 3 |
| | M12 | DIG2 | IO | 输出 | 位码 2 |
| | H13 | DIG1 | IO | 输出 | 位码 1 |
| | G12 | DIG0 | IO | 输出 | 位码 0 |
| | P11 | A | IO | 输出 | 段码 0 |
| | N12 | B | IO | 输出 | 段码 1 |
| | L14 | C | IO | 输出 | 段码 2 |
| | K13 | D | IO | 输出 | 段码 3 |
| | K12 | E | IO | 输出 | 段码 4 |
| | P13 | F | IO | 输出 | 段码 5 |
| | M14 | G | IO | 输出 | 段码 6 |
| | L13 | DP | IO | 输出 | 段码 7 |
| VGA | F5 | vgaRed[0] | IO | 输出 | 红色位 0 |
| | F4 | vgaRed[1] | IO | 输出 | 红色位 1 |
| | M16 | vgaRed[2] | IO | 输出 | 红色位 2 |
| | M15 | vgaRed[3] | IO | 输出 | 红色位 3 |
| | R16 | vgaBlue[0] | IO | 输出 | 蓝色位 0 |

| 功能 | 管脚 | 功能 | 类型 | 方向 | 备注 |
|---|---|---|---|---|---|
| | T15 | vgaBlue[1] | IO | 输出 | 蓝色位 1 |
| | P14 | vgaBlue[2] | IO | 输出 | 蓝色位 2 |
| | T14 | vgaBlue[3] | IO | 输出 | 蓝色位 3 |
| | N16 | vgaGreen[0] | IO | 输出 | 绿色位 0 |
| | P15 | vgaGreen[1] | IO | 输出 | 绿色位 1 |
| | P16 | vgaGreen[2] | IO | 输出 | 绿色位 2 |
| | R15 | vgaGreen[3] | IO | 输出 | 绿色位 3 |
| | R13 | Hsync | IO | 输出 | 水平同步信号 |
| | T13 | Vsync | IO | 输出 | 垂直同步信号 |

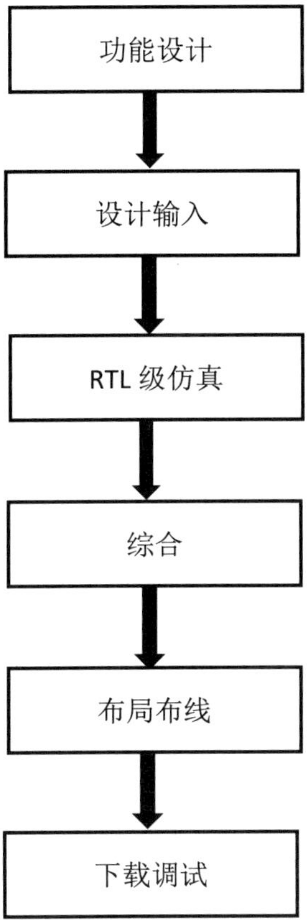

FPGA设计流程

FPGA 的一般设计流程如图所示。

功能设计是指对系统的任务和需求进行分析后，确定整个系统的功能。通常还应根据自上而下的方式，确定系统的框架，确定整个系统应该包含哪些子单元以及这些子单元。

设计输入是将概念设计转化为硬件描述的过程，常见的方式是 HDL（ Hardware Description Language 硬件描述语言）设计或者原理图方式设计。另外还包括约束的设计。

RTL（(Register Transfer Level）级仿真也称为功能(行为)仿真，或是综合前仿真，是在编译之前对用户所设计的电路进行逻辑功能验证，此时的仿真没有延迟信息，仅对初步的功能进行检测。

综合就是将较高级抽象层次的描述转化成较低层次的描述，简单来说是将 RTL 级的描述转化成与门、或门、非门等门级的描述。但是综合并没有真正实现门级电路，而只是生成了相关的逻辑连接网表，以供 FPGA 布局布线软件进行实现。

布局布线的过程被称为实现或执行（implementation）。在这一步，FPGA 开发软件会根据上一步生成的网表文件，将工程的逻辑和时序与具体的 FPGA 芯片上的可用资源匹配。布局可以被理解挑选可实现设计网表的最优的资源组合，而布线就是将这些资源以最优方式连接起来。

下载调试需要产生数据文件（位数据流文件），然后再将编程数据下载到FPGA芯片中。通过观测现象或输入输出信号的时序，验证实际的效果。一般这样的过程是结合FPGA开发板完成的，也常被称为板级调试。

有时在综合后和实现后还需要再次仿真，这被称为综合后仿真和实现后仿真。这些仿真的作用有两个，第一个是避免综合和实现后的结果和预期的功能出现偏差。现在的各种开发软件在综合和实现的过程中做了很多的优化，这些优化的本意是为了节约 FPGA 的内部资源，但结果有可能会使得最终的功能和 RTL 级仿真的结果有了一定的出入。第二个是为了分析信号时延的影响。当转化为门级的描述后，可以利用门电路时延参数对电路的信号延迟仿真，比如综合后仿真；当布局布线的过程完成后还可以对线级的时延仿真，比如实现后仿真。这些仿真有利于更准确地估计实际电路上的信号时序。

（二）优先编码器

优先编码器可以同时接收多个有效的输入信号，但只对优先级最高的信号进行编码。

使用 FPGA 实现优先编码器，应先将功能进一步明确，比如多少位输入，是高有效还是低有效，哪个输入的优先级最高，对应的编码输出是什么等等。可利用功能表的形式列出具体的输入输出的关系，如下表所示。

优先编码器的功能表

| 输入 | | | | | | | | 编码输出 | | |
|---|---|---|---|---|---|---|---|---|---|---|
| $I_0$ | $I_1$ | $I_2$ | $I_3$ | $I_4$ | $I_5$ | $I_6$ | $I_7$ | $A_2$ | $A_1$ | $A_0$ |
| 0 | 0 | 0 | 0 | 0 | 0 | 0 | 0 | 0 | 0 | 0 |
| 1 | 0 | 0 | 0 | 0 | 0 | 0 | 0 | 0 | 0 | 0 |
| X | 1 | 0 | 0 | 0 | 0 | 0 | 0 | 0 | 0 | 1 |
| X | X | 1 | 0 | 0 | 0 | 0 | 0 | 0 | 1 | 0 |
| X | X | X | 1 | 0 | 0 | 0 | 0 | 0 | 1 | 1 |
| X | X | X | X | 1 | 0 | 0 | 0 | 1 | 0 | 0 |
| X | X | X | X | X | 1 | 0 | 0 | 1 | 0 | 1 |
| X | X | X | X | X | X | 1 | 0 | 1 | 1 | 0 |
| X | X | X | X | X | X | X | 1 | 1 | 1 | 1 |

四、设计仿真与设计实现情况（60 分）

1．Vivado 软件的基本使用方法（30 分）

（1）你选择的 FPGA 芯片是什么？

（2）输入对应的引脚分别是哪些？

（3）输出对应的引脚分别是哪些？

2. 下载到开发板观测现象或根据仿真信号波形完成下表（30 分）

| 输入 | | | | | | | | 编码输出 | | |
|---|---|---|---|---|---|---|---|---|---|---|
| $I_0$ | $I_1$ | $I_2$ | $I_3$ | $I_4$ | $I_5$ | $I_6$ | $I_7$ | $A_2$ | $A_1$ | $A_0$ |
| 0 | 0 | 0 | 0 | 0 | 0 | 0 | 0 | | | |
| 1 | 1 | 1 | 1 | 1 | 1 | 1 | 1 | | | |
| 1 | 1 | 1 | 1 | 1 | 1 | 1 | 0 | | | |
| 1 | 1 | 1 | 1 | 1 | 1 | 0 | 0 | | | |
| 1 | 1 | 1 | 1 | 1 | 0 | 0 | 0 | | | |
| 1 | 1 | 1 | 1 | 0 | 0 | 0 | 0 | | | |
| 1 | 1 | 1 | 0 | 0 | 0 | 0 | 0 | | | |
| 1 | 1 | 0 | 0 | 0 | 0 | 0 | 0 | | | |
| 1 | 0 | 0 | 0 | 0 | 0 | 0 | 0 | | | |

五、回答问题情况（20 分）

六、设计重点、要点、设计方案及结果分析：（20 分）（可写到下一页）

# 电子科技大学电子技术应用实验
# 实 验 报 告
# （FPGA 部分测试）

学生姓名：____________学　　号：____________ 报告评分：________

实验地点：__________实验时间：__周__第____节　指导老师：____________

一、实验项目名称：　　数码管显示译码器的实现

二、实验学时：________________________________

三、设计目标：（10 分）

四、设计仿真与设计实现情况：（50 分）

（1）在 1 位数码管上显示 0-9 ，仿真并下载；【已完成】【未完成】

（2）在 1 位数码管上显示 0-F ，仿真并截图；【已完成】　【未完成】

（3）在 1 位数码管上显示 0-F ，下载并截图；【已完成】　【未完成】

五、回答问题情况：（20 分）

六、设计重点、要点、设计方案及结果分析：（20 分）（可写到下一页）

# 电子科技大学电子技术应用实验

# 实 验 报 告

# （FPGA 部分测试）

学生姓名：____________学　　号：___________ 报告评分：______

实验地点：_________实验时间：__周__第____节　指导老师：___________

一、实验项目名称：　　　计数器、分频器、定时器的设计与实现　　　

二、实验学时：____________________________________________

三、设计目标：（10 分）

四、设计仿真与设计实现情况：（50 分）

课前自学：

（1）基本模 16 计数器仿真、下载 ；　　　　　　　【已完成】【未完成】

（2）带同步清零端的模 16 计数器设计、下载；【已完成】【未完成】

（3）*n* 位计数器设计：修改计数值来改变模值；【已完成】【未完成】

课上：

（4）通过学习产生周期为 1 秒的脉冲信号，修改程序，产生频率为 1 kHz 的脉冲信号，约束输出至 I/O 端口，用示波器实测波形，检查波形照片。【已完成】【未完成】

（5）将周期 1 秒的脉冲信号作为模 10 计数器时钟，将计数结果（0-9）显示在最右端的 1 位数码管上（至少 3 张照片展示）　　　　　　【已完成】　【未完成】

五、回答问题情况：（20 分）

六、设计重点、要点、设计方案及结果分析：（20 分）（可写到下一页）

# 电子科技大学电子技术应用实验
# 实 验 报 告
# （FPGA 部分测试）

学生姓名：____________学　　号：___________ 报告评分：______

实验地点：_________实验时间：__周__第____节　指导老师：___________

一、实验项目名称：______数码管动态显示与 IP 核的应用______________

二、实验学时：________________________________________________

三、设计目标：（10 分）

四、设计仿真与设计实现情况：（50 分）

课前自学：

（1）实现 3 位数码管动态显示 789；【已完成】【未完成】

（2）生成 3 位数码管动态显示 IP 核；【已完成】【未完成】

课上：

（3）新建工程，生成一个可以 6 位数码管动态显示的 IP 核；【已完成】【未完成】

（4）新建工程，调用 6 位的 IP 核，在数码管上显示"______"。【已完成】【未完成】

五、回答问题情况：（20 分）

六、设计重点、要点、设计方案及结果分析：（20 分）（可写到下一页）

# 电子科技大学电子技术应用实验
# 实 验 报 告
# （FPGA 部分测试）

学生姓名：____________学　　号：___________ 报告评分：

实验地点：_________实验时间：__周__第_____节　指导老师：__________

一、实验项目名称：<u>　　　　　　矩阵键盘以及按键消抖　　　　　　</u>

二、实验学时：____________________________________________________

三、设计目标：（10 分）

四、设计仿真与设计实现情况：（50 分）

（1）将行列式按键中的键 KEY0 直接作为 12 位 2 进制计数器 cnt2 的时钟，将结果显示在 6 位数码管左 3 位上；【已完成】【未完成】

（2）同时将行列式按键中的键 KEY0 经过消抖后作为 12 位 2 进制计数器 cnt1 的时钟，将结果显示在 6 位数码管右 3 位上；【已完成】【未完成】

（3）大约每隔 1 秒按下一次按键，观测两个计数器的输出情况【已完成】【未完成】

五、回答问题情况：（20 分）

六、设计重点、要点、设计方案及结果分析：（20 分）（可写到下一页）

# 电子科技大学电子技术应用实验
# 实 验 报 告
# （FPGA 部分测试）

学生姓名：____________学　　号：___________ 报告评分：______

实验地点：_________实验时间：__周__第____节　指导老师：___________

一、实验项目名称：　　　　　流水灯状态机设计

二、实验学时：

三、设计目标：（10 分）

四、设计仿真与设计实现情况：（50 分）

课上：

（1） 设计一个简单的分频器，让 LED0 闪烁。

50 kHz 信号能使 LED0 闪烁？【能】【不能】

10 Hz 信号能使 LED0 闪烁？【能】【不能】

（2）M=0 时，12 个流水灯是否按要求闪烁。【已完成】【未完成】
（3）M=1 时，12 个流水灯是否按要求闪烁。【已完成】【未完成】

课后练习：
实现：M=0 时，12 个流水灯每隔 1 秒从左至右依次点亮。【已完成】【未完成】
　　　M=1 时，12 个流水灯每隔 1 秒从右至左依次点亮。【已完成】【未完成】

五、回答问题情况：（20 分）

六、设计重点、要点、设计方案及结果分析：（20 分）（可写到下一页）

# 电子科技大学电子技术应用实验
# 实 验 报 告
# （FPGA 部分测试）

学生姓名：____________ 学　　号：__________ 报告评分：

实验地点：_________ 实验时间：__周__第____节　指导老师：__________

一、实验项目名称：计数器的级联

二、实验学时：

三、设计目标：（10 分）

四、设计仿真与设计实现情况：（50 分）

（1）设计一个三位 8421BCD 码的同步加法计数器，在右边的三个数码管上显示 000~999，个位在最右边。下载到开发板上验证。　　【已完成】【未完成】

（2）按键控制启动/停止，按键上拨时启动电路工作，按键下拨时电路暂停；
【已完成】【未完成】

（3）异步清零（低电平有效），按键下拨时实现计数器清零，上拨时清零失效。
【已完成】【未完成】

扩展任务：（4）设计并实现一个具有倒计时功能的定时器，定时时间是 30 s，能以数字形式显示剩余时间。定时器按递减方式计时，每隔 1 s，定时器减 1；当定时器递减计时到 0（即定时时间到）时，在最右边两个数码管上显示 00 。下载到开发板上验证。
【已完成】【未完成】

五、回答问题情况：（20 分）

六、设计重点、要点、设计方案及结果分析：（20 分）（可写到下一页）

# 电子科技大学电子技术应用实验

# 实 验 报 告

# （FPGA 部分测试）

学生姓名：____________学　　号：___________ 报告评分：

实验地点：_________实验时间：__周__第____节　指导老师：____________

一、实验项目名称：________综合设计项目________

二、实验学时：____________________

三、设计目标：

四、设计报告要求：

包括项目要求，实现方案框图、完整程序（必要注释）、RTL 分析截图，以及对自己秒表实现情况的描述。

报告要求纸质档（纸质档的程序部分只列出标准程序或程序框图）或电子档（电子档还要求附上项目设计文件）各一份。

# 设计项目完成情况的自我评价

1.设计项目难度：【偏难】【适中】【容易】

可文字建议：

2.功能 1 的完成情况：【全部完成】【部分完成】【未完成】

未完成说明原因：

3.功能 2 的完成情况：【全部完成】【部分完成】【未完成】

未完成说明原因：

4.功能 3 的完成情况：【全部完成】【部分完成】【未完成】

未完成说明原因：

# 电子科技大学电子技术应用实验

# 实 验 报 告

# （综合验收测评表）

学生姓名：____________学　　号：___________ 验收评分：________

验收地点：_________验收时间：__周__第____节　指导老师：___________

| 验收项目 | 分值 | 验收情况 | 实际得分 |
|---|---|---|---|
| 1. 准备前___次的工程文件 | 2 分 | | |
| 2. 交前 ____次完整报告页 | 2 分 | | |
| 3. 交设计项目完成情况的自我评价及课程调查问卷 | 2 分 | | |
| 4. 交项目验收报告 | 2 分 | | |
| 5. 准备验收项目的工程文件 | 2 分 | | |
| 6. 功能 1 | 30 分 | | |
| 7. 功能 2 | 10 分 | | |
| 8. 功能 3 | 5 分 | | |
| 9. 其他发挥功能 | 5 分 | | |
| 10. 验收问题回答 | 10 分 | | |
| 11. 报告成绩 | 30 分 | | |

数字系统实验 2　调查问卷（可匿名单独交）

| 调查问题 | 请同学如实回答 |
| --- | --- |
| 1. 本课程前面在实验板上学习的硬件电路实验难度？ | 偏易 □　合适 □　偏难 □ |
| 2. 你是否已掌握了 FPGA 部分的基础实验内容？ | 是 □　否 □ |
| 3. 本实验 FPGA 部分验收项目的难度？ | 偏易 □　合适 □　偏难 □ |
| 4. 你是否独立完成了本次 FPGA 设计项目？ | 是 □<br>参考其他同学的设计后完成 □ |
| 5. 对 FPGA 部分内容的建议 | |
| 6. 学习本课程的收获？<br>你对本课程的建议或意见（文字表述） | 较小 □　适当 □　较大 □<br>建议或意见： |
| 7. 本课程的考核方式采用？<br>如认为现有考核方式不合理请写一下建议或意见（文字表述） | 平时+考试 □<br>平时+验收 □<br>合理 □　不合理□　建议或意见： |